Das Erbe der Vergangenheit

3

Der Wanderer und sein Schatten

Gedichte

von

Friedrich Nietzsche

Berlin und Leipzig

Walter de Gruyter & Co.

1934

Archiv-Nr. 45 23 34
Gedruckt bei Otto v. Holten G.m.b.H., Berlin C 17

Über meiner Haustür

Ich wohne in meinem eignen Haus,
Hab Niemandem nie Nichts nachgemacht
Und — lachte noch jeden Meister aus,
Der nicht sich selber ausgelacht.

Vorwort

Spiel der Gedanken, es führt
Eine der Grazien dich:
Oh wie weidest den Sinn du mir!
— Weh! was seh ich? Es fällt
Larve und Schleier der Führerin,
Und voran dem Reigen
Schreitet die grause Notwendigkeit.

Dem unbekannten Gott

Noch einmal, eh ich weiter ziehe
Und meine Blicke vorwärts sende,
Heb ich vereinsamt meine Hände
Zu dir empor, zu dem ich fliehe,
Dem ich in tiefster Herzenstiefe
Altäre feierlich geweiht,
Daß allezeit
Mich deine Stimme wieder riefe.

Darauf erglüht tiefeingeschrieben
Das Wort: dem unbekannten Gotte.
Sein bin ich, ob ich in der Frevler Rotte
Auch bis zur Stunde bin geblieben:
Sein bin ich — und ich fühl die Schlingen,
Die mich im Kampf darniederziehn
Und, mag ich fliehn,
Mich doch zu seinem Dienste zwingen.

Ich will dich kennen, Unbekannter,
Du tief in meine Seele Greifender,
Mein Leben wie ein Sturm Durchschweifender,
Du Unfaßbarer, mir Verwandter!
Ich will dich kennen, selbst dir dienen.

1863/64

„Der Wanderer und sein Schatten"

Ein Buch

Nicht mehr zurück? Und nicht hinan?
Auch für die Gemse keine Bahn?
So wart ich hier und fasse fest,
Was Aug und Hand mich fassen läßt!
Fünf Fuß breit Erde, Morgenrot,
Und unter mir — Welt, Mensch und Tod!

Der neue Columbus

Freundin! — sprach Columbus — traue
Keinem Genuesen mehr!
Immer starrt er in das Blaue —
Fernstes lockt ihn allzusehr!

Fremdestes ist nun mir teuer!
Genua — das sank, das schwand —
Herz, bleib kalt! Hand, halt das Steuer!
Vor mir Meer — und Land? — und Land? — — —

Stehen fest wir auf den Füßen!
Nimmer können wir zurück!
Schau hinaus: von fernher grüßen
Uns Ein Tod, Ein Ruhm, Ein Glück!

An die Melancholie

Verarge mir es nicht, Melancholie,
Daß ich die Feder, dich zu preisen, spitze
Und, preisend dich, den Kopf gebeugt zum Knie,
Einsiedlerisch auf einem Baumstumpf sitze.
So sahst du oft mich, gestern noch zumal,
In heißer Sonne morgendlichem Strahle:
Begehrlich schrie der Geier in das Tal,
Er träumt vom toten Aas auf totem Pfahle.

Du irrtest, wüster Vogel, ob ich gleich
So mumienhaft auf meinem Klotze ruhte!
Du sahst das Auge nicht, das wonnenreich
Noch hin und her rollt, stolz und hochgemute.
Und wenn es nicht zu deinen Höhen schlich,
Erstorben für die fernsten Wolkenwellen,
So sank es um so tiefer, um in sich
Des Daseins Abgrund blitzend aufzuhellen.

So saß ich oft in tiefer Wüstenei,
Unschön gekrümmt, gleich opfernden Barbaren,
Und deiner eingedenk, Melancholei,
Ein Büßer, ob in jugendlichen Jahren!
So sitzend freut ich mich des Geier-Flugs,
Des Donnerlaufs der rollenden Lawinen,
Du sprachst zu mir, unfähig Menschentrugs,
Wahrhaftig, doch mit schrecklich strengen Mienen.

Du herbe Göttin wilder Felsnatur,
Du Freundin liebst es, nah mir zu erscheinen;
Du zeigst mir drohend dann des Geiers Spur
Und der Lawine Lust, mich zu verneinen.
Rings atmet zähnefletschend Mordgelüst:
Qualvolle Gier, sich Leben zu erzwingen!
Verführerisch auf starrem Felsgerüst
Sehnt sich die Blume dort nach Schmetterlingen.

Dies Alles bin ich — schaudernd fühl ichs nach —
Verführter Schmetterling, einsame Blume,
Der Geier und der jähe Eisesbach,
Des Sturmes Stöhnen — Alles dir zum Ruhme,
Du grimme Göttin, der ich tief gebückt,
Den Kopf am Knie, ein schaurig Loblied ächze,
Nur dir zum Ruhme, daß ich unverrückt
Nach Leben, Leben, Leben lechze!

Verarge mir es, böse Gottheit, nicht,
Daß ich mit Reimen zierlich dich umflechte.
Der zittert, dem du nahst, ein Schreckgesicht,
Der zuckt, dem du sie reichst, die böse Rechte.
Und zitternd stammle ich hier Lied auf Lied
Und zucke auf in rhythmischem Gestalten:
Die Tinte fleußt, die spitze Feder sprüht —
Nun, Göttin, Göttin laß mich — laß mich schalten!

Grimmelwald, Sommer 1871

Der Wanderer

Es geht ein Wandrer durch die Nacht
Mit gutem Schritt;
Und krummes Tal und lange Höhn —
Er nimmt sie mit.
Die Nacht ist schön —
Er schreitet zu und steht nicht still,
Weiß nicht, wohin sein Weg noch will.

Da singt ein Vogel durch die Nacht:
„Ach Vogel, was hast du gemacht!
Was hemmst du meinen Sinn und Fuß
Und gießest süßen Herz-Verdruß
Ins Ohr mir, daß ich stehen muß
Und lauschen muß — —
Was lockst du mich mit Ton und Gruß?" —

Der gute Vogel schweigt und spricht:
„Nein, Wandrer, nein! Dich lock ich nicht
Mit dem Getön —
Ein Weibchen lock ich von den Höhn —
Was gehts dich an?
Allein ist mir die Nacht nicht schön —

Was gehts dich an? Denn du sollst gehn
Und nimmer, nimmer stille stehn!
Was stehst du noch?
Was tat mein Flötenlied dir an,
Du Wandersmann?"

Der gute Vogel schwieg und sann:
„Was tat mein Flötenlied ihm an?
Was steht er noch? —
Der arme, arme Wandersmann!"

Basel, Juli 1876

An Hafis

(Trinkspruch; Frage eines Wassertrinkers)

Die Schenke, die du dir gebaut,
Ist größer als jedes Haus,
Die Tränke, die du drin gebraut,
Die trinkt die Welt nicht aus.
Der Vogel, der einst Phönix war,
Der wohnt bei dir zu Gast,
Die Maus, die einen Berg gebar,
Die — bist du selber fast!

Bist Alles und Keins, bist Schenke und Wein,
Bist Phönix, Berg und Maus,
Fällst ewiglich in dich hinein,
Fliegst ewig aus dir hinaus —
Bist aller Höhen Versunkenheit,
Bist aller Tiefen Schein,
Bist aller Trunknen Trunkenheit
— Wozu, wozu dir — Wein?

Venedig

An der Brücke stand
Jüngst ich in brauner Nacht.
Fernher kam Gesang:
Goldener Tropfen quolls
Über die zitternde Fläche weg.
Gondeln, Lichter, Musik —
Trunken schwamms in die Dämmrung hinaus . . .

Meine Seele, ein Saitenspiel,
Sang sich, unsichtbar berührt,
Heimlich ein Gondellied dazu,
Zitternd vor bunter Seligkeit.
— Hörte jemand ihr zu? . . .

Am Gletscher

Um Mittag, wenn zuerst
Der Sommer ins Gebirge steigt,
Der Knabe mit den müden, heißen Augen:
Da spricht er auch,
Doch sehen wir sein Sprechen nur.
Sein Atem quillt, wie eines Kranken Atem quillt
In Fieber-Nacht.
Es geben Eisberg und Tann und Quell
Ihm Antwort auch,
Doch sehen wir die Antwort nur.
Denn schneller springt vom Fels herab
Der Sturzbach wie zum Gruß
Und steht, als weiße Säule zitternd,
Sehnsüchtig da.
Und dunkler noch und treuer blickt die Tanne,
Als sonst sie blickt,
Und zwischen Eis und totem Graugestein
Bricht plötzlich Leuchten aus — —
Solch Leuchten sah ich schon: das deutet mirs. —

Auch toten Mannes Auge
Wird wohl noch Ein Mal licht,
Wenn harmvoll ihn sein Kind
Umschlingt und hält und küßt:
Noch Ein Mal quillt da wohl zurück
Des Lichtes Flamme, glühend spricht
Das tote Auge: „Kind!
Ach Kind, du weißt, ich liebe dich!" —

Und glühend redet Alles — Eisgebirg
Und Bach und Tann —
Mit Blicken hier dasselbe Wort:
„Wir lieben dich!
Ach Kind, du weißt, wir lieben, lieben dich!"

Und er,
Der Knabe mit den müden heißen Augen,
Er küßt sie harmvoll,
Inbrünstger stets
Und will nicht gehn;
Er bläst sein Wort wie Schleier nur
Von seinem Mund,
Sein schlimmes Wort:
„Mein Gruß ist Abschied,
Mein Kommen Gehen,
Ich sterbe jung."

Da horcht es rings
Und atmet kaum:
Kein Vogel singt.
Da überläuft
Es schaudernd, wie
Ein Glitzern, das Gebirg.
Da denkt es rings —
Und schweigt — —
Um Mittag wars,
Um Mittag, wenn zuerst
Der Sommer ins Gebirge steigt,
Der Knabe mit den müden, heißen Augen.

Rosenlaui, Sommer 1877

Der Herbst

Dies ist der Herbst: der — bricht dir noch das Herz!
Fliege fort! fliege fort! —
Die Sonne schleicht zum Berg
Und steigt und steigt
Und ruht bei jedem Schritt.

Was ward die Welt so welk!
Auf müd gespannten Fäden spielt
Der Wind sein Lied.
Die Hoffnung floh —
Er klagt ihr nach.

Dies ist der Herbst: der — bricht dir noch das Herz!
Fliege fort! fliege fort!
Oh Frucht des Baums,
Du zitterst, fällst?
Welch ein Geheimnis lehrte dich
Die Nacht,
Daß eisger Schauder deine Wange,
Die Purpur-Wange deckt? —

Du schweigst, antwortest nicht?
Wer redet noch? — —

Dies ist der Herbst: der — bricht dir noch das Herz!
Fliege fort! fliege fort!
„Ich bin nicht schön
— so spricht die Sternenblume —,
Doch Menschen lieb ich
Und Menschen tröst ich —
Sie sollen jetzt noch Blumen sehn,
Nach mir sich bücken
Ach! und mich brechen —
In ihrem Auge glänzet dann
Erinnrung auf,
Erinnerung an Schöneres als ich! —
— Ich sehs, ich sehs — und sterbe so!" —

Dies ist der Herbst: der — bricht dir noch das Herz!
Fliege fort! fliege fort!

Rosenlaui, Sommer 1877

Aus hohen Bergen

Nachgesang

(zu „Jenseits von Gut und Böse")

Oh Lebens Mittag! Feierliche Zeit!
Oh Sommergarten!
Unruhig Glück im Stehn und Spähn und Warten: —
Der Freunde harr ich, Tag und Nacht bereit.
Wo bleibt ihr, Freunde? Kommt! s ist Zeit! s ist Zeit!

Wars nicht für euch, daß sich des Gletschers Grau
Heut schmückt mit Rosen?
Euch sucht der Bach, sehnsüchtig drängen, stoßen
Sich Wind und Wolke höher heut ins Blau,
Nach euch zu spähn aus fernster Vogel-Schau.

Im Höchsten ward für euch mein Tisch gedeckt: —
Wer wohnt den Sternen
So nahe, wer des Abgrunds grausten Fernen?
Mein Reich — welch Reich hat weiter sich gereckt?
Und meinen Honig — wer hat ihn geschmeckt? .....

— Da seid ihr, Freunde! — Weh, doch ich bins nicht,
Zu dem ihr wolltet!
Ihr zögert, staunt — ach, daß ihr lieber grolltet!
Ich bins nicht mehr? Vertauscht Hand, Schritt, Gesicht?
Und was ich bin, euch Freunden — bin ichs nicht?

Ein Andrer ward ich? und mir selber fremd?
Mir selbst entsprungen?
Ein Ringer, der zu oft sich selbst bezwungen?
Zu oft sich gegen eigne Kraft gestemmt,
Durch eignen Sieg verwundet und gehemmt?

Ich suchte, wo der Wind am schärfsten weht?
Ich lernte wohnen,
Wo Niemand wohnt, in öden Eisbär-Zonen,

Verlernte Mensch und Gott, Fluch und Gebet?
Ward zum Gespenst, das über Gletscher geht?

— Ihr alten Freunde! Seht! Nun blickt ihr bleich,
    Voll Lieb und Grausen!
Nein, geht! Zürnt nicht! Hier — könntet ihr nicht hausen:
Hier zwischen fernstem Eis- und Felsenreich —
Hier muß man Jäger sein und gemsengleich.

Ein schlimmer Jäger ward ich! — Seht, wie steil
    Gespannt mein Bogen!
Der Stärkste wars, der solchen Zug gezogen — —:
Doch wehe nun! Gefährlich ist der Pfeil,
Wie kein Pfeil, — fort von hier! Zu eurem Heil! . . . .

Ihr wendet euch? — Oh Herz, du trugst genung,
    Stark blieb dein Hoffen:
Halt neuen Freunden deine Türen offen!
Die alten laß! Laß die Erinnerung!
Warst einst du jung, jetzt — bist du besser jung!

Was je uns knüpfte, Einer Hoffnung Band, —
    Wer liest die Zeichen,
Die Liebe einst hineinschrieb, noch, die bleichen?
Dem Pergament vergleichs ichs, das die Hand
Zu fassen scheut, — ihm gleich verbräunt, verbrannt.

Nicht Freunde mehr, das sind — wie nenn ichs doch? —
    Nur Freunds-Gespenster!
Das klopft mir wohl noch Nachts an Herz und Fenster,
Das sieht mich an und spricht: „Wir warens doch?“
— Oh welkes Wort, das einst wie Rosen roch!

Oh Jugend-Sehnen, das sich mißverstand!
    Die ich ersehnte,
Die ich mir selbst verwandt-verwandelt wähnte,
Daß alt sie wurden, hat sie weggebannt: —
Nur wer sich wandelt, bleibt mit mir verwandt.

Oh Lebens Mittag! Zweite Jugendzeit!
Oh Sommergarten!
Unruhig Glück im Stehn und Spähn und Warten!
Der Freunde harr ich, Tag und Nacht bereit,
Der neuen Freunde! Kommt! s ist Zeit! s ist Zeit!

Dies Lied ist aus, — der Sehnsucht süßer Schrei
Erstarb im Munde:
Ein Zaubrer tats, der Freund zur rechten Stunde,
Der Mittags-Freund — nein! fragt nicht, wer es sei —
Um Mittag wars, da wurde Eins zu Zwei .....

Nun feiern wir, vereinten Siegs gewiß,
Das Fest der Feste:
Freund Zarathustra kam, der Gast der Gäste!
Nun lacht die Welt, der grause Vorhang riß,
Die Hochzeit kam für Licht und Finsterniß .....

Unter Feinden

(Nach einem Zigeuner-Sprichwort)

Dort der Galgen, hier die Stricke
Und des Henkers roter Bart,
Volk herum und giftge Blicke —
Nichts ist neu dran meiner Art!
Kenne dies aus hundert Gängen,
Schreis euch lachend ins Gesicht:
„Unnütz, unnütz, mich zu hängen!
Sterben? Sterben kann ich nicht!"

Bettler ihr! Denn euch zum Neide
Ward mir, was ihr — nie erwerbt:
Zwar ich leide, zwar ich leide —
Aber ihr — ihr sterbt, ihr sterbt!

Auch nach hundert Todesgängen
Bin ich Atem, Dunst und Licht —
„Unnütz, unnütz, mich zu hängen!
Sterben? Sterben kann ich nicht!"

Unter Freunden

Ein Nachspiel

1.

Schön ists, miteinander schweigen,
Schöner, miteinander lachen, —
Unter seidenem Himmels-Tuche
Hingelehnt zu Moos und Buche
Lieblich laut mit Freunden lachen
Und sich weiße Zähne zeigen.

Macht ichs gut, so wolln wir schweigen;
Macht ichs schlimm —, so wolln wir lachen
Und es immer schlimmer machen,
Schlimmer machen, schlimmer lachen,
Bis wir in die Grube steigen.

Freunde! Ja! So solls geschehn?
Amen! Und auf Wiedersehn!

2.

Kein Entschuldgen! Kein Verzeihen!
Gönnt ihr Frohen, Herzens-Freien
Diesem unvernünftgen Buche
Ohr und Herz und Unterkunft!
Glaubt mir, Freunde, nicht zum Fluche
Ward mir meine Unvernunft!

Was ich finde, was ich suche —,
Stand das je in einem Buche?
Ehrt in mir die Narren-Zunft!
Lernt aus diesem Narrenbuche,
Wie Vernunft kommt — „zur Vernunft“!

Also, Freunde, solls geschehn? —
Amen! Und auf Wiedersehn!

Für falsche Freunde

Du stahlst, dein Auge ist nicht rein —
Nur Einen Gedanken stahlst du? — Nein,
Wer darf so frech bescheiden sein!
Nimm diese Handvoll obendrein —
Nimm all mein Mein —
Und friß dich rein daran, du Schwein!

Freund Yorik, — Mut!
Und wenn dich dein Gedanke quält,
Wie jetzt er tut,
Heiß das nicht — „Gott“! Denn, weit gefehlt,
Es ist ja nur dein eigen Kind,
Dein Fleisch und Blut,
Was sich da drangsaliert und quält,
Dein kleiner Schelm und Tu-nicht-gut!
— Sieh zu, wie ihm die Rute thut!

Und kurz, Freund Yorik! Laß die düstre
Philosophie — und daß ich hier
Noch einen Spruch als Medizin
Und Haus-Rezept ins Ohr dir flüstre
— Mein Mittel gegen solchen spleen —:
„Wer seinen ‚Gott‘ liebt, züchtigt ihn.“

Pinie und Blitz

Hoch wuchs ich über Mensch und Tier;
Und sprech ich — Niemand spricht mit mir.

Zu einsam wuchs ich und zu hoch —
Ich warte: worauf wart ich doch?

Zu nah ist mir der Wolken Sitz, —
Ich warte auf den ersten Blitz.

Die kleine Brigg, genannt „das Engelchen"

Engelchen: so nennt man mich —
Jetzt ein Schiff, dereinst ein Mädchen,
Ach, noch immer sehr ein Mädchen!
Denn es dreht um Liebe sich
Stets mein feines Steuerrädchen.

Engelchen: so nennt man mich —
Bin geschmückt mit hundert Fähnchen
Und das schönste Kapitänchen
Bläht an meinem Steuer sich,
Als das hunderterste Fähnchen.

Engelchen: so nennt man mich —
Überallhin, wo ein Flämmchen
Für mich glüht, lauf ich, ein Lämmchen,
Meinen Weg sehnsüchtiglich:
Immer war ich solch ein Lämmchen.

Engelchen: so nennt man mich —
Glaubt ihr wohl, daß wie ein Hündchen
Belln ich kann und daß mein Mündchen
Dampf und Feuer wirft um sich?
Ach, des Teufels ist mein Mündchen!

Engelchen: so nennt man mich —
Sprach ein bitterböses Wörtchen
Einst, daß schnell zum letzten Örtchen
Mein Geliebtester entwich:
Ja, er starb an diesem Wörtchen!

Engelchen: so nennt man mich —
Kaum gehört, sprang ich vom Klippchen
In den Grund und brach ein Rippchen,
Daß die liebe Seele wich:
Ja, sie wich durch dieses Rippchen!

Engelchen: so nennt man mich —
Meine Seele, wie ein Kätzchen,
Tat eins, zwei, drei, vier, fünf Sätzchen,
Schwang dann in dies Schiffchen sich —
Ja, sie hat geschwinde Tätzchen.

Engelchen: so nennt man mich —
Jetzt ein Schiff, dereinst ein Mädchen,
Ach, noch immer sehr ein Mädchen!
Denn es dreht um Liebe sich
Stets mein feines Steuerrädchen.

Campo santo di Staglieno

Oh Mädchen, das dem Lamme
Das zarte Fellchen kraut,
Dem beides, Licht und Flamme,
Aus beiden Augen schaut,
Du lieblich Ding zum Scherzen,
Du Liebling weit und nah,
So fromm, so mild von Herzen,
Amorosissima!

Was riß so früh die Kette?
Wer hat dein Herz betrübt?
Und liebtest du, wer hätte
Dich nicht genug geliebt? —
Du schweigst — doch sind die Tränen
Den milden Augen nah: —
Du schweigst — und starbst vor Sehnen,
Amorosissima?

Motto zum „Sanctus Januarius“

Der du mit dem Flammenspeere
Meiner Seele Eis zerteilt,
Daß sie brausend nun zum Meere
Ihrer höchsten Hoffnung eilt:
Heller stets und stets gesunder,
Frei im liebevollsten Muß: —
Also preist sie deine Wunder,
Schönster Januarius!

Genua, im Januar 1882

Drei Bruchstücke

1.

Glück, oh Glück, du schönste Beute!
Immer nah, nie nah genung,
Immer morgen, nur nicht heute, —
Ist dein Jäger dir zu jung?
Bist du wirklich Pfad der Sünde,
Aller Sünden
Lieblichste Versündigung?

• • •

2.

Fern brummt der Donner übers Land,
Der Regen tropft und tropft:
Geschwätzig früh schon der Pedant,
Dem Nichts das Maul mehr stopft.

Kaum schielt der Tag durchs Fenster mir
Und schon die Litanei!
Das predigt, plätschert für und für,
Wie alles — eitel sei.

3.

Der Tag klingt ab, es gilbt sich Glück und Licht,
Mittag ist ferne.
Wie lange noch? Dann kommen Mond und Sterne
Und Wind und Reif: nun säum ich länger nicht,
Der Frucht gleich, die ein Hauch vom Baume bricht.

Mitleid hin und her

1. Vereinsamt

Die Krähen schrein
Und ziehen schwirren Flugs zur Stadt:
Bald wird es schnein, —
Wohl Dem, der jetzt noch — Heimat hat!

Nun stehst du starr,
Schaust rückwärts, ach! wie lange schon!
Was bist du Narr
Vor Winters in die Welt entflohn?

Die Welt — ein Tor
Zu tausend Wüsten stumm und kalt!
Wer Das verlor,
Was du verlorst, macht nirgends Halt.

Nun stehst du bleich,
Zur Winter-Wanderschaft verflucht,
Dem Rauche gleich,
Der stets nach kältern Himmeln sucht.

Flieg, Vogel, schnarr
Dein Lied im Wüstenvogel-Ton! —
Versteck, du Narr,
Dein blutend Herz in Eis und Hohn!

Die Krähen schrein
Und ziehen schwirren Flugs zur Stadt:
Bald wird es schnein, —
Weh Dem, der keine Heimat hat!

2. Antwort

Daß Gott erbarm!
Der meint, ich sehnte mich zurück
Ins deutsche Warm,
Ins dumpfe deutsche Stuben-Glück!

Mein Freund, was hier
Mich hemmt und hält, ist dein Verstand,
Mitleid mit dir!
Mitleid mit deutschem Quer-Verstand!

Musik des Südens

Nun ward mir Alles noch zu Teil,
Was je mein Adler mir erschaute
— Ob manche Hoffnung schon vergraute —:
Es sticht dein Klang mich wie ein Pfeil,
Der Ohren und der Sinne Heil,
Das mir vom Himmel niedertaute.

Oh zögre nicht, nach südlichen Geländen,
Glückselgen Inseln, griechischem Nymphenspiel
Des Schiffs Begierde hinzuwenden —
Kein Schiff fand je ein schöner Ziel!

Schlußreim

Eine ernste Kunst ist Lachen:
Soll ichs morgen besser machen,
Sagt mir: macht ichs heute gut?
Kam der Funke stets vom Herzen?
Wenig taugt der Kopf zum Scherzen,
Glüht im Herzen nicht die Glut.

Lieder des Prinzen Vogelfrei
1882—1884

An Goethe

Das Unvergängliche
Ist nur dein Gleichniß!
Gott der Verfängliche
Ist Dichter-Erschleichniß . . .

Welt-Rad, das rollende,
Streift Ziel auf Ziel:
Not — nennts der Grollende,
Der Narr nennts Spiel . . .

Welt-Spiel, das herrische,
Mischt Sein und Schein: —
Das Ewig-Närrische
Mischt uns hinein! . . .

Dichters Berufung

Als ich jüngst, mich zu erquicken,
Unter dunklen Bäumen saß,
Hört ich ticken, leise ticken,
Zierlich, wie nach Takt und Maß.
Böse wurd ich, zog Gesichter, —
Endlich aber gab ich nach,
Bis ich gar, gleich einem Dichter,
Selber mit im Tiktak sprach.

Wie mir so im Verse-Machen
Silb um Silb ihr Hopsa sprang,
Mußt ich plötzlich lachen, lachen
Eine Viertelstunde lang.
Du ein Dichter? Du ein Dichter?
Stehts mit deinem Kopf so schlecht?
— „Ja, mein Herr, Sie sind ein Dichter“
Achselzuckt der Vogel Specht.

Wessen harr ich hier im Busche?
Wem doch laur ich Räuber auf?
Ists ein Spruch? Ein Bild? Im Husche
Sitzt mein Reim ihm hintendrauf.
Was nur schlüpft und hüpft, gleich sticht der
Dichter sichs zum Vers zurecht.
— „Ja, mein Herr, Sie sind ein Dichter"
Achselzuckt der Vogel Specht.

Reime, mein ich, sind wie Pfeile?
Wie das zappelt, zittert, springt,
Wenn der Pfeil in edle Teile
Des Lacerten-Leibchens dringt!
Ach ihr sterbt dran, arme Wichter,
Oder taumelt wie bezecht!
— „Ja, mein Herr, Sie sind ein Dichter"
Achselzuckt der Vogel Specht.

Schiefe Sprüchlein voller Eile,
Trunkne Wörtlein, wie sichs drängt!
Bis ihr Alle, Zeil an Zeile,
An der Tiktak-Kette hängt.
Und es gibt grausam Gelichter,
Das dies — freut? Sind Dichter — schlecht?
— „Ja, mein Herr, Sie sind ein Dichter"
Achselzuckt der Vogel Specht.

Höhnst du, Vogel? Willst du scherzen?
Stehts mit meinem Kopf schon schlimm,
Schlimmer stünds mit meinem Herzen?
Fürchte, fürchte meinen Grimm! —
Doch der Dichter — Reime flicht er
Selbst im Grimm noch schlecht und recht.
— „Ja, mein Herr, Sie sind ein Dichter"
Achselzuckt der Vogel Specht.

Im Süden

So häng ich denn auf krummem Aste
Und schaukle meine Müdigkeit.
Ein Vogel lud mich her zu Gaste,
Ein Vogelnest ists, drin ich raste.
Wo bin ich doch? Ach, weit! Ach, weit!

Das weiße Meer liegt eingeschlafen,
Und purpurn steht ein Segel drauf.
Fels, Feigenbäume, Turm und Hafen,
Idylle rings, Geblök von Schafen, —
Unschuld des Südens, nimm mich auf!

Nur Schritt für Schritt — das ist kein Leben,
Stets Bein vor Bein macht deutsch und schwer.
Ich hieß den Wind mich aufwärts heben,
Ich lernte mit den Vögeln schweben, —
Nach Süden flog ich übers Meer.

Vernunft! Verdrießliches Geschäfte!
Das bringt uns allzubald ans Ziel!
Im Fliegen lernt ich, was mich äffte, —
Schon fühl ich Mut und Blut und Säfte
Zu neuem Leben, neuem Spiel . . .

Einsam zu denken, nenn ich weise,
Doch einsam singen — wäre dumm!
So hört ein Lied zu eurem Preise
Und setzt euch still um mich im Kreise,
Ihr schlimmen Vögelchen, herum!

So jung, so falsch, so umgetrieben
Scheint ganz ihr mir gemacht zum Lieben
Und jedem schönen Zeitvertreib?
Im Norden — ich gestehs mit Zaudern —
Liebt ich ein Weibchen, alt zum Schaudern:
„Die Wahrheit" hieß dies alte Weib . . .

Die fromme Beppa

So lang noch hübsch mein Leibchen,
Lohnt sichs schon, fromm zu sein.
Man weiß, Gott liebt die Weibchen,
Die hübschen obendrein.
Er wirds dem armen Mönchlein
Gewißlich gern verzeihn,
Daß er, gleich manchem Mönchlein,
So gern will bei mir sein.

Kein grauer Kirchenvater!
Nein, jung noch und oft rot,
Oft trotz dem grausten Kater
Voll Eifersucht und Not.
Ich liebe nicht die Greise,
Er liebt die Alten nicht:
Wie wunderlich und weise
Hat Gott dies eingericht!

Die Kirche weiß zu leben,
Sie prüft Herz und Gesicht.
Stets will sie mir vergeben, —
Ja, wer vergibt mir nicht!
Man lispelt mit dem Mündchen,
Man knixt und geht hinaus,
Und mit dem neuen Sündchen
Löscht man das alte aus.

Gelobt sei Gott auf Erden,
Der hübsche Mädchen liebt
Und derlei Herzbeschwerden
Sich selber gern vergibt.
So lang noch hübsch mein Leibchen,
Lohnt sichs schon fromm zu sein:
Als altes Wackelweibchen
Mag mich der Teufel frein!

Der geheimnißvolle Nachen

Gestern nachts, als alles schlief,
Kaum der Wind mit ungewissen
Seufzern durch die Gassen lief,
Gab mir Ruhe nicht das Kissen,
Noch der Mohn, noch, was sonst tief
Schlafen macht, — ein gut Gewissen.

Endlich schlug ich mir den Schlaf
Aus dem Sinn und lief zum Strande.
Mondhell wars und mild, — ich traf
Mann und Kahn auf warmem Sande,
Schläfrig beide, Hirt und Schaf: —
Schläfrig stieß der Kahn vom Lande.

Eine Stunde, leicht auch zwei,
Oder wars ein Jahr? — da sanken
Plötzlich mir Sinn und Gedanken
In ein ewges Einerlei,
Und ein Abgrund ohne Schranken
Tat sich auf: — da wars vorbei!

— Morgen kam: auf schwarzen Tiefen
Steht ein Kahn und ruht und ruht . . .
Was geschah? so riefs, so riefen
Hundert bald: was gab es? Blut? — —
Nichts geschah! Wir schliefen, schliefen
Alle — ach, so gut! so gut!

Liebeserklärung

(bei der aber der Dichter in eine Grube fiel —)

Oh Wunder! Fliegt er noch?
Er steigt empor, und seine Flügel ruhn!
Was hebt und trägt ihn doch?
Was ist ihm Ziel und Zug und Zügel nun?

Gleich Stern und Ewigkeit
Lebt er in Höhn jetzt, die das Leben flieht,
Mitleidig selbst dem Neid —:
Und hoch flog, wer ihn auch nur schweben sieht!

Oh Vogel Albatroß!
Zur Höhe treibts mit ewgem Triebe mich.
Ich dachte dein: da floß
Mir Trän um Träne, — ja, ich liebe dich!

Lied eines theokritischen Ziegenhirten

Da lieg ich, krank im Gedärm, —
Mich fressen die Wanzen.
Und drüben noch Licht und Lärm!
Ich hörs, sie tanzen . . .

Sie wollte um diese Stund
Zu mir sich schleichen.
Ich warte wie ein Hund, —
Es kommt kein Zeichen.

Das Kreuz, als sies versprach?
Wie konnte sie lügen?
— Oder läuft sie jedem nach,
Wie meine Ziegen?

Woher ihr seidner Rock? —
Ah, meine Stolze?
Es wohnt noch mancher Bock
An diesem Holze?

— Wie kraus und giftig macht
Verliebtes Warten!
So wächst bei schwüler Nacht
Giftpilz im Garten.

Die Liebe zehrt an mir
Gleich sieben Übeln, —
Nichts mag ich essen schier.
Lebt wohl, ihr Zwiebeln!

Der Mond ging schon ins Meer,
Müd sind alle Sterne,
Grau kommt der Tag daher, —
Ich stürbe gerne.

„Diesen ungewissen Seelen"

Diesen ungewissen Seelen
Bin ich grimmig gram.
All ihr Ehren ist ein Quälen,
All ihr Lob ist Selbstverdruß und Scham.

Daß ich nicht an ihrem Stricke
Ziehe durch die Zeit,
Dafür grüßt mich ihrer Blicke
Giftig-süßer, hoffnungsloser Neid.

Möchten sie mir herzhaft fluchen
Und die Nase drehn!
Dieser Augen hülflos Suchen
Soll bei mir auf ewig irre gehn.

Narr in Verzweiflung

Ach! Was ich schrieb auf Tisch und Wand
Mit Narrenherz und Narrenhand,
Das sollte Tisch und Wand mir zieren? . . .

Doch ihr sagt: „Narrenhände schmieren, —
Und Tisch und Wand soll man purgieren,
Bis auch die letzte Spur verschwand!"

Erlaubt! Ich lege Hand mit an —,
Ich lernte Schwamm und Besen führen,
Als Kritiker, als Wassermann.

Doch, wenn die Arbeit abgethan,
Säh gern ich euch ihr Überweisen,
Mit Weisheit Tisch und Wand besch . . . . .

Rimus remidium

Oder: Wie kranke Dichter sich trösten

Aus deinem Munde,
Du speichelflüssige Hexe Zeit,
Tropft langsam Stund auf Stunde.
Umsonst, daß all mein Ekel schreit:
„Fluch, Fluch dem Schlunde
Der Ewigkeit!"

Welt — ist von Erz:
Ein glühender Stier, — der hört kein Schrein.
Mit fliegenden Dolchen schreibt der Schmerz
Mir ins Gebein:
„Welt hat kein Herz,
Und Dummheit wärs, ihr gram drum sein!"

Gieß alle Mohne,
Gieß, Fieber! Gift mir ins Gehirn!
Zu lang schon prüfst du mir Hand und Stirn.
Was frägst du? Was? „Zu welchem — Lohne?"
— Ha! Fluch der Dirn
Und ihrem Hohne!

Nein! Komm zurück!
Draußen ists kalt, ich höre regnen —
Ich sollte dir zärtlicher begegnen?
— Nimm! Hier ist Gold: wie glänzt das Stück! —
Dich heißen „Glück"?
Dich, Fieber, segnen? —

Die Thür springt auf!
Der Regen sprüht nach meinem Bette!
Wind löscht das Licht, — Unheil in Hauf!
— Wer jetzt nicht hundert Reime hätte,
Ich wette, wette,
Der gienge drauf!

„Mein Glück!"

Die Tauben von San Marco seh ich wieder:
Still ist der Platz, Vormittag ruht darauf.
In sanfter Kühle schick ich müßig Lieder
Gleich Taubenschwärmen in das Blau hinauf —
Und locke sie zurück,
Noch einen Reim zu hängen ins Gefieder
— Mein Glück! Mein Glück!

Du stilles Himmels-Dach, blau-licht, von Seide,
Wie schwebst du schirmend ob des bunten Baus,
Den ich — was sag ich? — liebe, fürchte, neide . . .
Die Seele wahrlich tränk ich gern ihm aus!
Gäb ich sie je zurück? —
Nein, still davon, du Augen-Wunderweide!
— Mein Glück! Mein Glück!

Du strenger Turm, mit welchem Löwendrange
Stiegst du empor hier, siegreich, sonder Müh!
Du überklingst den Platz mit tiefem Klange —:
Französisch, wärst du sein accent aigu?
Blieb ich gleich dir zurück,
Ich wüßte, aus welch seidenweichem Zwange . . .
— Mein Glück! Mein Glück!

Fort, fort, Musik! Laß erst die Schatten dunkeln
Und wachsen bis zur braunen lauen Nacht!

Zum Tone ists zu früh am Tag, noch funkeln
Die Gold-Zieraten nicht in Rosen-Pracht,
    Noch blieb viel Tag zurück,
Viel Tag für Dichten, Schleichen, Einsam-Munkeln
— Mein Glück! Mein Glück!

Nach neuen Meeren

Dorthin — will ich; und ich traue
Mir fortan und meinem Griff.
Offen liegt das Meer, ins Blaue
Treibt mein Genueser Schiff.

Alles glänzt mir neu und neuer,
Mittag schläft auf Raum und Zeit —:
Nur dein Auge — ungeheuer
Blickt michs an, Unendlichkeit!

Sils-Maria

Hier saß ich, wartend, wartend, — doch auf Nichts,
Jenseits von Gut und Böse, bald des Lichts

Genießend, bald des Schattens, ganz nur Spiel,
Ganz See, ganz Mittag, ganz Zeit ohne Ziel.

Da, plötzlich, Freundin! wurde Eins zu Zwei —
— Und Zarathustra ging an mir vorbei . . .

An den Mistral

Ein Tanzlied

Mistral-Wind, du Wolken-Jäger,
Trübsal-Mörder, Himmels-Feger,
Brausender, wie lieb ich dich!
Sind wir Zwei nicht Eines Schoßes
Erstlingsgabe, Eines Looses
Vorbestimmte ewiglich?

Hier auf glatten Felsenwegen
Lauf ich tanzend dir entgegen,
Tanzend, wie du pfeiffst und singst:
Der du ohne Schiff und Ruder
Als der Freiheit freister Bruder
Über wilde Meere springst.

Kaum erwacht, hört ich dein Rufen,
Stürmte zu den Felsenstufen,
Hin zur gelben Wand am Meer.
Heil! da kamst du schon, gleich hellen,
Diamantnen Stromesschnellen
Sieghaft von den Bergen her.

Auf den ebnen Himmels-Tennen
Sah ich deine Rosse rennen,
Sah den Wagen, der dich trägt,
Sah die Hand dir selber zücken,
Wenn sie auf der Rosse Rücken
Blitzesgleich die Geißel schlägt, —

Sah dich aus dem Wagen springen,
Schneller dich hinabzuschwingen,
Sah dich wie zum Pfeil verkürzt
Senkrecht in die Tiefe stoßen, —
Wie ein Goldstrahl durch die Rosen
Erster Morgenröten stürzt.

Tanze nun auf tausend Rücken,
Wellen-Rücken, Wellen-Tücken —
Heil, wer neue Tänze schafft!
Tanzen wir in tausend Weisen,
Frei — sei unsre Kunst geheißen,
Fröhlich — unsre Wissenschaft!

Raffen wir von jeder Blume
Eine Blüte uns zum Ruhme
Und zwei Blätter noch zum Kranz!

Tanzen wir gleich Troubadouren
Zwischen Heiligen und Huren,
Zwischen Gott und Welt den Tanz!

Wer nicht tanzen kann mit Winden,
Wer sich wickeln muß mit Binden,
Angebunden, Krüppel-Greis,
Wer da gleicht den Heuchel-Hänsen,
Ehren-Tölpeln, Tugend-Gänsen,
Fort aus unsrem Paradeis!

Wirbeln wir den Staub der Straßen
Allen Kranken in die Nasen,
Scheuchen wir die Kranken-Brut!
Lösen wir die ganze Küste
Von dem Odem dürrer Brüste,
Von den Augen ohne Mut!

Jagen wir die Himmels-Trüber,
Welten-Schwärzer, Wolken-Schieber,
Hellen wir das Himmelreich!
Brausen wir ... oh aller freien
Geister Geist, mit dir zu Zweien
Braust mein Glück dem Sturme gleich. —

— Und daß ewig das Gedächtnis
Solchen Glücks, nimm sein Vermächtnis,
Nimm den Kranz hier mit hinauf!
Wirf ihn höher, ferner, weiter,
Stürm empor die Himmelsleiter,
Häng ihn — an den Sternen auf!

Sprüche und Zueignungen

Das Wort

Lebendgem Worte bin ich gut:
Das springt heran so wohlgemut,
Das grüßt mit artigem Genick,
Ist lieblich selbst im Ungeschick,
Hat Blut in sich, kann herzhaft schnauben,
Kriecht dann zum Ohre selbst dem Tauben,
Und ringelt sich und flattert jetzt,
Und was es tut — das Wort ergetzt.

Doch bleibt das Wort ein zartes Wesen,
Bald krank und aber bald genesen.
Willt ihm sein kleines Leben lassen,
Mußt du es leicht und zierlich fassen,
Nicht plump betasten und bedrücken,
Es stirbt schon oft an bösen Blicken —
Und liegt dann da, so ungestalt,
So seelenlos, so arm und kalt,
Sein kleiner Leichnam arg verwandelt,

Von Tod und Sterben mißgehandelt.
Ein totes Wort — ein häßlich Ding,
Ein klapperdürres Kling-Kling-Kling.
Pfui allen häßlichen Gewerben,
An denen Wort und Wörtchen sterben!

Lieder und Sinnsprüche

Takt als Anfang, Reim als Endung,
Und als Seele stets Musik:
Solch ein göttliches Gequiek
Nennt man Lied. Mit kürzrer Wendung,
Lied heißt: „Worte als Musik".

Sinnspruch hat ein neu Gebiet:
Er kann spotten, schwärmen, springen,
Niemals kann der Sinnspruch singen;
Sinnspruch heißt: „Sinn ohne Lied." —

Darf ich euch von Beidem bringen?

Vorsicht Gift

Wer hier nicht lachen kann, soll hier nicht lesen!
Denn, lacht er nicht, faßt ihn „das böse Wesen"!

Der „echte Deutsche"

O peuple des meilleurs Tartuffes,
Ich bleibe dir treu, gewiß!"
— Sprachs, und mit dem schnellsten Schiffe
Fuhr er nach Kosmopolis.

Das neue Testament

Dies das heiligste Gebet-,
Wohl- und Wehe-Buch?
— Doch an seiner Pforte steht
Gottes Ehebruch!

Beim Anblick eines Schlafrocks

Kam, trotz schlumpichtem Gewande,
Einst der Deutsche zu Verstande,
Weh, wie hat sich das gewandt!
Eingeknöpft in strenge Kleider,
Überließ er seinem Schneider,
Seinem Bismarck — den Verstand!

Jeder Buckel krümmt sich schiefer...

Jeder Buckel krümmt sich schiefer,
Jeder Christ treibt Juden-Schacher,
Die Franzosen werden tiefer,
Und die Deutschen — täglich flacher!

An Spinoza

Dem „Eins in Allem" liebend zugewandt,
amore dei, selig aus Verstand —
Die Schuhe aus! welch dreimal heilig Land! —
— Doch unter dieser Liebe fraß
ein heimlich glimmender Rachebrand:
Am Judengott fraß Judenhaß . . .
Einsiedler! hab ich dich erkannt?

Arthur Schopenhauer

Was er lehrte, ist abgetan,
Was er lebte, wird bleiben stahn:
Seht ihn nur an —
Niemandenen war er untertan!

An Richard Wagner

Der du an der Fessel krankst,
Friedloser, unbefreiter Geist,
Siegreicher stets und doch gebundener,
Verekelt mehr und mehr, zerschundener,
Bis du aus jedem Balsam Gift dir trankst —,
Weh! Daß auch du am Kreuze niedersankst,

Auch du! Auch du — ein Überwundener!
Vor diesem Schauspiel steh ich lang,
Gefängnis atmend, Gram und Groll und Gruft,
Dazwischen Weihrauch-Wolken, Kirchen-Duft,
Mir fremd, mir schauerlich und bang.
Die Narrenkappe werf ich tanzend in die Luft,
Denn ich entsprang!

An die Jünger Darwins

Dieser braven Engeländer
Mittelmäßige Verständer
Nehmt ihr als „Philosophie"?
Darwin neben Goethe setzen
Heißt: die Majestät verletzen —
majestatem genii!

* * *

Heil euch, brave Karrenschieber,
Stets „je länger, desto lieber",
Steifer stets an Kopf und Knie,
Unbegeistert, ungespäßig,
Unverwüstlich-mittelmäßig,
sans génie et sans esprit!

Der Einsiedler spricht

Gedanken haben? Gut! sie wollen mich zum Herrn.
Doch sich Gedanken machen, — das verlernt ich gern!
Wer sich Gedanken macht, — den haben sie,
Und dienen will ich nun und nie.

Rätsel

Löst mir das Rätsel, das dies Wort versteckt:
„Das Weib erfindet, wenn der Mann entdeckt ——"

Die Welt steht nicht still...

Die Welt steht nicht still,
Nacht liebt lichten Tag —
Schön klingt dem Ohr „ich will",
Schöner noch „ich mag".

Entschluß

Will weise sein, weils mir gefällt,
Und nicht auf fremden Ruf.
Ich lobe Gott, weil Gott die Welt
So dumm als möglich schuf.

Und wenn ich selber meine Bahn
So krumm als möglich lauf —
Der Weiseste fing damit an,
Der Narr — hört damit auf.

• • •

Alle ewigen Quell-Bronnen
Quellen ewig hinan:
Gott selbst — hat er je begonnen?
Gott selbst — fängt er immer an?

An die Freundschaft

Heil dir, Freundschaft!
Meiner höchsten Hoffnung
Erste Morgenröte!
Ach, ohn Ende
Schien oft Pfad und Nacht mir,
Alles Leben
Ziellos und verhaßt!
Zweimal will ich Leben,
Nun ich schau in deiner Augen
Morgenglanz und Sieg,
Du liebste Göttin!

Fleiß und Genie

Dem Fleißigen neid ich seinen Fleiß:
Goldhell und gleich fließt ihm der Tag herauf,
Goldhell und gleich zurück,
Hinab ins dunkle Meer, —
Und um sein Lager blüht
Vergessen, gliederlösendes.

• • •

Wer viel einst zu verkünden hat,
Schweigt viel in sich hinein:
Wer einst den Blitz zu zünden hat,
Muß lange — Wolke sein.

Lebensregeln

Das Leben gern zu leben,
Mußt du darüber stehn!
Drum lerne dich erheben!
Drum lerne — abwärts sehn!

* * *

Den edelsten der Triebe
Veredle mit Bedachtung:
Zu jedem Kilo Liebe
Nimm Ein Gran Selbstverachtung!

Seine Gesellschaft zu finden wissen

Mit Witzbolden ist gut witzeln:
Wer kitzeln will, ist leicht zu kitzeln.

Aus der Tonne des Diogenes

„Notdurft ist billig, Glück ist ohne Preis:
Drum sitz ich statt auf Gold auf meinem Steiß."

An Fräulein Malwida von Meysenbug

Ist von Sorrentos Duft Nichts hängen blieben?
Ist Alles wilde, kühle Bergnatur?
Kaum herbstlich sonnenwarm und ohne Lieben?
So ist ein Teil von mir im Buche nur:
Den bessern Teil, ihn bring ich zum Altar
Für sie, die Freundin, Mutter, Arzt mir war.

Scherz, List und Rache

Vorspiel in deutschen Reimen

Einladung

Wagts mit meiner Kost, ihr Esser!
Morgen schmeckt sie euch schon besser
Und schon übermorgen gut!
Wollt ihr dann noch mehr, — so machen
Meine alten sieben Sachen
Mir zu sieben neuen Mut.

Mein Glück

Seit ich des Suchens müde ward,
Erlernte ich das Finden.
Seit mir ein Wind hielt Widerpart,
Segl ich mit allen Winden.

Unverzagt

Wo du stehst, grab tief hinein!
Drunten ist die Quelle!
Laß die dunklen Männer schrein:
„Stets ist drunten — Hölle!"

Zwiegespräch

A. War ich krank? Bin ich genesen?
Und wer ist mein Arzt gewesen?
Wie vergaß ich alles Das!
B. Jetzt erst glaub ich dich genesen:
Denn gesund ist, wer vergaß.

An die Tugendsamen

Unseren Tugenden auch solln leicht die Füße sich heben:
Gleich den Versen Homers müssen sie kommen und gehn!

Welt-Klugheit

Bleib nicht auf ebnem Feld!
Steig nicht zu hoch hinaus!
Am schönsten sieht die Welt
Von halber Höhe aus.

Vademecum — Vadetecum

Es lockt dich meine Art und Sprach,
Du folgest mir, du gehst mir nach?
Geh nur dir selber treulich nach: —
So folgst du mir — gemach! gemach!

Bei der dritten Häutung

Schon krümmt und bricht sich mir die Haut,
Schon giert mit neuem Drange,
So viel sie Erde schon verdaut,
Nach Erd in mir die Schlange.
Schon kriech ich zwischen Stein und Gras
Hungrig auf krummer Fährte,
Zu essen Das, was stets ich aß,
Dich, Schlangenkost, dich, Erde!

Meine Rosen

Ja! Mein Glück — es will beglücken —,
Alles Glück will ja beglücken!
Wollt ihr meine Rosen pflücken?

Müßt euch bücken und verstecken
Zwischen Fels und Dornenhecken,
Oft die Fingerchen euch lecken!

Denn mein Glück — es liebt das Necken!
Denn mein Glück — es liebt die Tücken! —
Wollt ihr meine Rosen pflücken?

Der Verächter

Vieles lass ich falln und rollen,
Und ihr nennt mich drum Verächter.
Wer da trinkt aus allzuvollen
Bechern, läßt viel falln und rollen, —
Denkt vom Weine drum nicht schlechter.

Das Sprüchwort spricht

Scharf und milde, grob und fein,
Vertraut und seltsam, schmutzig und rein,
Der Narren und Weisen Stelldichein:
Dies Alles bin ich, will ich sein,
Taube zugleich, Schlange und Schwein!

An einen Lichtfreund

Willst du nicht Aug und Sinn ermatten,
Lauf auch der Sonne nach im Schatten!

Der Brave

Lieber aus ganzem Holz eine Feindschaft
Als eine geleimte Freundschaft!

Rost

Auch Rost tut not: Scharfsein ist nicht genung!
Sonst sagt man stets von dir: „er ist zu jung!"

Aufwärts

„Wie komm ich am besten den Berg hinan?"
Steig nur hinauf und denk nicht dran!

Spruch des Gewaltmenschen

Bitte nie! Laß dies Gewimmer!
Nimm, ich bitte dich, nimm immer!

Schmale Seelen

Schmale Seelen sind mir verhaßt:
Da steht nichts Gutes, nichts Böses fast.

Der unfreiwillige Verführer

Er schoß ein leeres Wort zum Zeitvertreib
Ins Blaue — und doch fiel darob ein Weib.

Zur Erwägung

Zwiefacher Schmerz ist leichter zu tragen,
Als ein Schmerz: willst du darauf es wagen?

Gegen die Hoffahrt

Blas dich nicht auf: sonst bringet dich
Zum Platzen schon ein kleiner Stich.

Mann und Weib

„Raub dir das Weib, für das dein Herze fühlt!" —
So denkt der Mann; das Weib raubt nicht, es stiehlt.

Interpretation

Leg ich mich aus, so leg ich mich hinein:
Ich kann nicht selbst mein Interprete sein.
Doch wer nur steigt auf seiner eignen Bahn,
Trägt auch mein Bild zu hellerm Licht hinan.

Pessimisten-Arznei

Du klagst, daß nichts dir schmackhaft sei?
Noch immer, Freund, die alten Mucken?
Ich hör dich lästern, lärmen, spucken —
Geduld und Herz bricht mir dabei.
Folg mir, mein Freund! Entschließ dich frei,
Ein fettes Krötchen zu verschlucken,
Geschwind und ohne hinzugucken! —
Das hilft dir von der Dyspepsei!

Bitte

Ich kenne mancher Menschen Sinn
Und weiß nicht, wer ich selber bin!
Mein Auge ist mir viel zu nah —
Ich bin nicht, was ich seh und sah.
Ich wollte mir schon besser nützen,
Könnt ich mir selber ferner sitzen.
Zwar nicht so ferne wie mein Feind!
— Zu fern sitzt schon der nächste Freund —,
Doch zwischen dem und mir die Mitte!
Erratet ihr, um was ich bitte?

Meine Härte

Ich muß weg über hundert Stufen,
Ich muß empor und hör euch rufen:
„Hart bist du! Sind wir denn von Stein?" —
Ich muß weg über hundert Stufen,
Und Niemand möchte Stufe sein.

Der Wandrer

„Kein Pfad mehr! Abgrund rings und Totenstille!" —
So wolltest dus! Vom Pfade wich dein Wille!
Nun, Wandrer, gilts! Nun blicke kalt und klar!
Verloren bist du, glaubst du — an Gefahr.

Trost für Anfänger

Seht das Kind umgrunzt von Schweinen,
Hülflos, mit verkrümmten Zehn!
Weinen kann es, nichts als weinen —
Lernt es jemals stehn und gehn?
Unverzagt! Bald, sollt ich meinen,
Könnt das Kind ihr tanzen sehn!
Steht es erst auf beiden Beinen,
Wirds auch auf dem Kopfe stehn.

Sternen-Egoismus

Rollt ich mich rundes Rollefaß
Nicht um mich selbst ohn Unterlaß,
Wie hielt ichs aus, ohne anzubrennen;
Der heißen Sonne nachzurennen?

Der Nächste

Nah hab den Nächsten ich nicht gerne:
Fort mit ihm in die Höh und Ferne!
Wie würd er sonst zu meinem Sterne? —

Der verkappte Heilige

Daß dein Glück uns nicht bedrücke,
Legst du um dich Teufelstücke,
Teufelswitz und Teufelskleid.
Doch umsonst! Aus deinem Blicke
Blickt hervor die Heiligkeit!

Der Unfreie

A. Er steht und horcht: was konnt ihn irren?
Was hört er vor den Ohren schwirren?
Was wars, das ihn darniederschlug?
B. Wie Jeder, der einst Ketten trug,
Hört überall er — Kettenklirren.

Seneca et hoc genus omne

Das schreibt und schreibt sein unausstehlich weises Larifari,
Als gält es primum scribere,
deinde philosophari.

Der Einsame

Verhaßt ist mir das Folgen und das Führen.
Gehorchen? Nein! Und aber nein — Regieren!
Wer sich nicht schrecklich ist, macht Niemand Schrecken:
Und nur wer Schrecken macht, kann Andre führen.
Verhaßt ist mirs schon, selber mich zu führen!
Ich liebe es, gleich Wald- und Meerestieren,
Mich für ein gutes Weilchen zu verlieren,
In holder Irrniß grüblerisch zu hocken,
Von ferne her mich endlich heimzulocken,
Mich selber zu mir selber — zu verführen.

Eis

Ja! Mitunter mach ich Eis:
Nützlich ist Eis zum Verdauen!
Hättet ihr viel zu verdauen,
Oh wie liebtet ihr mein Eis!

Jugendschriften

Meiner Weisheit A und O
Klang mir hier: was hört ich doch!
Jetzo klingt mirs nicht mehr so,
Nur das ewge Ah! und Oh!
Meiner Jugend hör ich noch.

Vorsicht

In jener Gegend reist man jetzt nicht gut;
Und hast du Geist, sei doppelt auf der Hut!
Man lockt und liebt dich, bis man dich zerreißt:
Schwarmgeister sinds —: da fehlt es stets an Geist!

Der Fromme spricht

Gott liebt uns, weil er uns erschuf! —
„Der Mensch schuf Gott!" — sagt drauf ihr Feinen.
Und soll nicht lieben, was er schuf?
Solls gar, weil er es schuf, verneinen?
Das hinkt, das trägt des Teufels Huf.

Im Sommer

Im Schweiße unsres Angesichts
Solln unser Brot wir essen?
Im Schweiße ißt man lieber Nichts,
Nach weiser Ärzte Ermessen.
Der Hundsstern winkt: woran gebrichts?
Was will sein feurig Winken?
Im Schweiße unsres Angesichts
Solln unsren Wein wir trinken!

Ohne Neid

Ja, neidlos blickt er: und ihr ehrt ihn drum?
Er blickt sich nicht nach euren Ehren um;
Er hat des Adlers Auge für die Ferne,
Er sieht euch nicht! — er sieht nur Sterne, Sterne!

Heraklitismus

Alles Glück auf Erden,
Freunde, giebt der Kampf!
Ja, um Freund zu werden,
Braucht es Pulverdampf!

Eins in Drein sind Freunde:
Brüder vor der Not,
Gleiche vor dem Feinde,
Freie — vor dem Tod!

Grundsatz der Allzufeinen

Lieber auf den Zehen noch,
Als auf allen Vieren!
Lieber durch ein Schlüsselloch,
Als durch offne Türen!

Zuspruch

Auf Ruhm hast du den Sinn gericht?
Dann acht der Lehre:
Bei Zeiten leiste frei Verzicht
Auf Ehre!

Der Gründliche

Ein Forscher ich? Oh spart dies Wort! —
Ich bin nur schwer — so manche Pfund!
Ich falle, falle immerfort
Und endlich auf den Grund!

Für immer

„Heut komm ich, weil mirs heute frommt" —
Denkt jeder, der für immer kommt.
Was ficht ihn an der Welt Gered:
„Du kommst zu früh! Du kommst zu spät!"

Urteile der Müden

Der Sonne fluchen alle Matten;
Der Bäume Wert ist ihnen — Schatten.

Niedergang

„Er sinkt, er fällt jetzt" — höhnt ihr hin und wieder;
Die Wahrheit ist: er steigt zu euch hernieder!

Sein Überglück ward ihm zum Ungemach,
Sein Überlicht geht eurem Dunkel nach.

Gegen die Gesetze

Von heut an hängt an härner Schnur
Um meinen Hals die Stunden-Uhr:
Von heut an hört der Sterne Lauf,
Sonn, Hahnenschrei und Schatten auf,
Und was mir je die Zeit verkündt,
Das ist jetzt stumm und taub und blind: —
Es schweigt mir jegliche Natur
Beim Tiktak von Gesetz und Uhr.

Der Weise spricht

Dem Volke fremd und nützlich doch dem Volke,
Zieh ich des Weges, Sonne bald, bald Wolke —
Und immer über diesem Volke!

Den Kopf verloren

Sie hat jetzt Geist — wie kams, daß sie ihn fand?
Ein Mann verlor durch sie jüngst den Verstand.
Sein Kopf war reich vor diesem Zeitvertreibe:
Zum Teufel ging sein Kopf — nein! nein! zum Weibe!

Fromme Wünsche

„Mögen alle Schlüssel doch
Flugs verloren gehen,
Und in jedem Schlüsselloch
Sich der Dietrich drehen!"
Also denkt zu jeder Frist
Jeder, der — ein Dietrich ist.

Mit dem Fuße schreiben

Ich schreib nicht mit der Hand allein:
Der Fuß will stets mit Schreiber sein.
Fest, frei und tapfer läuft er mir
Bald durch das Feld, bald durchs Papier.

„Menschliches, Allzumenschliches." Ein Buch

Schwermütig scheu, solang du rückwärts schaust,
Der Zukunft trauend, wo du selbst dir traust:
Oh Vogel, rechn ich dich den Adlern zu?
Bist du Minervas Liebling U-hu-hu?

Meinem Leser

Ein gut Gebiß und einen guten Magen —
Dies wünsch ich dir!
Und hast du erst mein Buch vertragen,
Verträgst du dich gewiß mit mir!

Der realistische Maler

„Treu die Natur und ganz!" — Wie fängt ers an:
Wann wäre je Natur im Bilde abgetan?
Unendlich ist das kleinste Stück der Welt! —
Er malt zuletzt davon, was ihm gefällt.
Und was gefällt ihm? Was er malen kann!

Dichter-Eitelkeit

Gebt mir Leim nur: denn zum Leime
Find ich selber mir schon Holz!
Sinn in vier unsinnge Reime
Legen — ist kein kleiner Stolz!

Wählerischer Geschmack

Wenn man frei mich wählen ließe,
Wählt ich gern ein Plätzchen mir
Mitten drin im Paradiese:
Gerner noch — vor seiner Tür!

Die krumme Nase

Die Nase schauet trutziglich
Ins Land, der Nüster blähet sich —
Drum fällst du, Nashorn ohne Horn,
Mein stolzes Menschlein, stets nach Vorn!
Und stets beisammen findt sich das:
Gerader Stolz, gekrümmte Nas.

Die Feder kritzelt

Die Feder kritzelt: Hölle das!
Bin ich verdammt zum Kritzeln-Müssen? —
So greif ich kühn zum Tintenfaß
Und schreib mit dicken Tintenflüssen.
Wie läuft das hin, so voll, so breit!
Wie glückt mir alles, wie ichs treibe!
Zwar fehlt der Schrift die Deutlichkeit —
Was tuts? Wer liest denn, was ich schreibe?

Höhere Menschen

Der steigt empor — ihn soll man loben!
Doch jener kommt allzeit von Oben!
Der lebt dem Lobe selbst enthoben,
Der ist von Droben!

Der Skeptiker spricht

Halb ist dein Leben um,
Der Zeiger rückt, die Seele schaudert dir!
Lang schweift sie schon herum
Und sucht und fand nicht—und sie zaudert hier?

Halb ist dein Leben um:
Schmerz wars und Irrtum, Stund um Stund dahier!
Was suchst du noch? Warum? — —
Dies eben such ich — Grund um Grund dafür!

Ecce homo

Ja! Ich weiß, woher ich stamme!
Ungesättigt gleich der Flamme
Glühe und verzehr ich mich.
Licht wird Alles, was ich fasse,
Kohle Alles, was ich lasse:
Flamme bin ich sicherlich!

Sternen-Moral

Vorausbestimmt zur Sternenbahn,
Was geht dich, Stern, das Dunkel an?

Roll selig hin durch diese Zeit!
Ihr Elend sei dir fremd und weit!

Der fernsten Welt gehört dein Schein:
Mitleid soll Sünde für dich sein!

Nur Ein Gebot gilt dir: sei rein!

Inhaltsverzeichnis

Lieder des Prinzen Vogelfrei

Sprüche und Zueignungen

Scherz, List und Rache

Nachwort

Im Jahre 1873 schrieb in einem deutschen Weltblatt, der „Allgemeinen Zeitung", Karl Hillebrand über Friedrich Nietzsches erste „Unzeitgemäße Betrachtung", jenen sprühenden Aufsatz wider David Friedrich Strauß. Nietzsche hat dem größten deutschen Essayisten diese (später in den Band „Wälsches und Deutsches" übergegangene) Besprechung nie vergessen und nach Karl Hillebrands Tode bezeugt, dieser wäre der einzige gewesen, der bisher — d. h. bis 1884 — etwas für sein Bekanntwerden getan habe.

Hillebrand rühmt in jener Arbeit über den „noch wenig genannten jungen Schriftsteller" die lebendige und gedrängte Sprache Nietzsches, seine Fähigkeit zu Ironie und Hohn, die „bald fein, bald derb, stets ungezwungen, gern das Wort führen". Und er nennt Nietzsches Schrift das erste Anzeichen für eine kühne Wiederaufpflanzung des alten guten Banners deutscher Humanität, einen Mahnruf an unsere geistigen Pflichten.

Während Karl Hillebrand so die geistesgeschichtliche Sendung Friedrich Nietzsches wohl ergriff, soweit sie sich aus jener Schrift — er widmete auch der zweiten „Unzeitgemäßen" im nächsten Jahre eine tiefschürfende Betrachtung — offenbarte, spürte auch er in dem jungen Schriftsteller und Philosophen, dem Florettfechter gegen Zeit-Ungeist, noch nicht denjenigen, der Kampf und Kritik erst rechtfertigte: den Dichter Friedrich Nietzsche.

Erst als die Schatten auf dies Dasein hinabgesunken waren und die einst sehnsüchtig über Gletscherfirne schweifenden Augen vom Silberblick her müde über das Thüringer Land schauten, erwachte in Deutschland das Bewußtsein von der dichterischen Kraft und Einzigkeit des Darstellers der Tragödie aus dem Geiste der Musik, des einsamen Kämpen gegen die Vermassung des Zeitenlaufs und die Selbstgefälligkeit des Bildungsphilisteriums, als welcher Nietzsche zuerst aufgetreten und von so wenigen verstanden worden war.

Mit heißen Köpfen haben wir jungen Studenten der neunziger Jahre des vorigen Jahrhunderts uns noch nicht das große Zarathustra-Werk, wohl aber jene Gedichte und Verssprüche vorgelesen und sie dann für immer auswendig oder, wie die englische Sprache viel bezeichnender sagt, by heart behalten, deren Rhythmus auf diesen Seiten wiederauflebt.

Will man sich den eigenartigen und neuen Reiz der Verssprache Friedrich Nietzsches ganz vergegenwärtigen, so muß man sich bewußt werden, zu welcher Zeit der Großteil dieser Dichtungen entstand. Der werdende und der Vollendung zuschreitende Nietzsche schuf sein Gedicht, während im Altersglanz Emanuel Geibel das Vermächtnis seiner „Spätherbstblätter" in die Hände der ihn als den nationalen Herold mit Fug ehrenden Nation legte; in München rundete Paul Heyse seine noch von der Romantik befruchtete, an der Nachdichtung italienischer Poeten geschmeidigte Form, in Berlin füllte Theodor Fontane herberen preußischen Gehalt in Balladen und Heldenlieder, Gesprächs- und Anekdotenlyrik, deren Wurzeln bis zu Strachwitz und Chamisso zurück verzweigt waren. Kein Verbindungsweg führt von diesem Hier zu Friedrich Nietzsches Dort hinüber. Viel näher steht ihm die spät entfaltete Kunst Conrad Ferdinand Meyers, spürbar um Landschaft und Gestalt in Nähe und südlicher Ferne ringend, spröde aus dem Überlieferten zum Eigenständigen vorstoßend. Dennoch drängt gerade die Gegenüberstellung des Geburtsschweizers und des Wahlschweizers, des unter den Alpengipfeln Geborenen und des zu lebenslangem Innenkampf unter sie Versetzten, die naturhafte Verschiedenheit des Meisters von 1825 und desjenigen von 1844 auf. Ein Gedicht, das Conrad Ferdinand Meyers Künstlerart nahezu wie in der Nuß zeigt, ist der „Römische Brunnen"; er gibt das Bild von drei übereinander geordneten Marmorschalen, die voneinander den Wasserstrahl empfangen und überfließend weitergeben —

Und jede nimmt und gibt zugleich
Und strömt und ruht.

Die Schlußzeile wäre als Sinnbild von Meyers Kunst schlechthin kennzeichnend — ihre Kadenz deutet aber auf ganz anderes Grundgefühl als das der Nietzschischen Lyrik. Auch hier ein unablässiges Strömen, aber nicht ein unter dem immer neu die Schale erfüllenden Schwall beglückt-erfülltes Ruhen. Vielmehr:

Unruhig Glück im Stehn und Spähn und Warten.

Und, wenn wir für Nietzsche und seine Dichtung die letzte Grundaussage suchen, so finden wir sie am ehesten in jenem Gedicht, welches das Vorspiel von Scherz, List und Rache vor dem Schlußgebot zur Höhe hebt, dem „Ecco homo":

Ja! ich weiß, woher ich stamme!
Ungesättigt gleich der Flamme
Glühe und verzehr ich mich.
Licht wird Alles, was ich fasse,
Kohle Alles, was ich lasse:
Flamme bin ich sicherlich!

Auf dieser Bahn, der des Glühenden und sich unablässig Verzehrenden, findet Nietzsche den neuen, bezeichnenden, den impressionistischen Ausdruck für Gefühl und Anschauung. Er steht an dem Marmorgeländer der

Lagunenbrücke, die Nacht wird ihm „braun". Und der fernherkommende Gesang wird in acht Worten von bezauberndem Rhythmus, ganz unherkömmlich, in der Zeit neu, eingefangen:

> Goldener Tropfen quolls
> Über die zitternde Fläche weg.

Im Herbst steigt die Sonne nicht über die Höhe, sie „schleicht" zum Berge. Der Wind läuft „mit ungewissen Seufzern" durch die Gassen, die Weltverächter werden zu „Welten-Schwärzern". Und mit gespartem Wort, ja mit gesparter Silbe werden Spinoza oder Schopenhauer hingestellt.

Es war ein neuer Ton kritischen Vermögens, selbständiger Weltbetrachtung, der den hellhörigen Karl Hillebrand zum Aufhorchen auf diesen großen Unzeitgemäßen zwang; der neue Ton dieser Dichtung fiel erst einem jüngeren Geschlecht ins Ohr. Der gleichaltrige Detlev von Liliencron, auch durch lange Jahre jeden Widerhalls bar, der zehn Jahre später geborene Gustav Falke, der noch zehn Jahre jüngere Richard Dehmel — sie begriffen den Dichter Friedrich Nietzsche, den Dichter, der wie mit neuen Augen und Ohren die Krähen „schwirren Flugs zur Stadt" ziehen sah und hörte, der für die Sendung des Dichters das Bild fand:

> Bist aller Höhen Versunkenheit,
> Bist aller Tiefen Schein.

Liliencron hat in dem Weimarer Gesange seines „Poggfred" den über der Goethestadt Verdämmernden denkmalhaft gebildet. Dehmel, der ein Stück Nietzschisches Erbe in stolzer Selbständigkeit weiterbildend übernahm, hat die wuchtigsten dieser Gedichte „klangvolle Bilder geistiger Leidenschaft von so sublimer Concentration" genannt, „wie sie vorher noch keinem (auch Goethe nicht, höchstens Hölderlin in ‚Hyperions Schicksalslied') geglückt waren". Und Gustav Falke, in seinem Wesen unter den dreien Nietzsche am unverwandtesten, faßte den Schmerz um seinen Abschied in die Verse zusammen:

Die Trauerglocken, die in Weimar klangen,
Klagten: Ein Held ist heimgegangen,
ein Held, dessen Lied,
bevor ihn der Blitz getroffen,
Klingend ans Tor der Zukunft schlug.

Die Zueinanderordnung Hölderlins und Nietzsches, wie sie Richard Dehmel mit sicherer Hand darbringt, ist uns heute ein gewohntes deutsches Bild, die Deutung eines Pfades, der über Täler zwei Gipfel künstlerischen und menschlichen Ausdrucks unserer Volkheit verbindet. Die Zusammenstellung Goethe—Nietzsche aber offenbart noch einmal erschütternd die Tragik des Späteren, dessen Leben in der gleichen Stadt zur Rüste ging. Goethe durfte an den Schluß der „Zueignung", mit welcher der Achtunddreißigjährige die erste Ausgabe seiner Gesammelten Werke darbrachte, den Ruf an die Freunde stellen, der da ausklingt:

Wir gehn vereint dem nächsten Tag entgegen!
So leben wir, so wandeln wir beglückt.

Der zweiundvierzigjährige Friedrich Nietzsche ruft, nicht zum ersten und nicht zum letzten Male, „aus hohen Bergen" nach den Freunden; er fühlt, wie die alten sich wegwenden, er harrt, „Tag und Nacht bereit", der neuen. Und er harrt vergebens, immer einsam, ein Bürger nicht der Umwelt, die mit ihm lebte, schließlich nur dem Einen, dem Gast der Gäste, über den Schrunden und Gletschern, und auch im Tal und in der großen Stadt jenseits der Alpen zugewandt. Kein Denkmal würde ihn menschlich vertraulich Hand in Hand mit einem Weggenossen bilden können. Und so birgt der schmale Band seiner vollendeten Verse das herzanpackende Schauspiel einer großen Tragödie, und diese verzaubernde Musik bleibt immer die des Einsamen, des

Wanderers, der auf ungebahntem Höhenwege Welt, Mensch und Tod unter sich sieht.

•

Die „Dionysos-Dithyramben" sind dieser Ausgabe nicht einverleibt worden, weil sie nur im Zusammenhange mit dem „Zarathustra", in den sie zum Teil eingegangen sind, ihre dichterische Absicht zur Klarheit heben. Die Veröffentlichung des Nietzsche-Archivs von 1919 hat sie deshalb mit unrhythmischen Stücken des „Zarathustra" durchsetzt.

MIX
Papier | Fördert gute Waldnutzung
FSC® C083411

Kolibri 360 GmbH
Ferdinand-Jühlke-Straße 7
99095 Erfurt, Deutschland
produktsicherheit@kolibri360.de